UMA OUTRA HISTÓRIA PARA A PSICOLOGIA

UMA OUTRA HISTÓRIA PARA A PSICOLOGIA

Marcelo Costa

necs

ISBN nº 978-65-01-55240-8

Design da capa por: Marcelo Costa

À Deus, criador de todas as coisas visíveis e invisíveis,

À minha esposa e meu filho, os pilares fundamentais de minha vida,

Aos meus pais, sempre faróis de referência para navegar o mundo,

Aos meus irmãos, a única fraternidade que conheci.

Os problemas significativos com os quais nos deparamos não podem ser resolvidos no mesmo nível de pensamento em que estávamos quando eles foram criados.

ALBERT EINSTEIN

CONTEÚDO

INTRODUÇÃO

Este livro busca tratar da verdade como indicador cardeal para o conhecimento de factos que nos ultrapassam e nos atravessam, independente de quem sejamos ou de onde estivermos.

Denominamos de "uma outra história" para a psicologia por entendermos que a maioria dos manuais e livros ditos didáticos, usados nas academias e por quem busca conhecer a ciência psicológica, tratam de uma história sincrônica. Este tipo de relato histórico busca generalizar e tratar a história de forma linear, como se os acontecimentos fossem naturais e inevitáveis, os quais aconteceriam, sejam os rumos quaisquer dos personagens e suas circunstâncias, sendo seus contextos secundários.

Isto é reflexo de um antropocentrismo humanista que põe o homem como actor e dono de sua história, enquanto a realidade, quando buscado os factos em suas fontes, dos relatos de várias pessoas que vivenciaram e viram os momentos dizem algo diferente.

A história é diacrônica, sendo uma confluência de acontecimentos encadeados e que ultrapassam, muitas das vezes, a capacidade dos seus contemporâneos de antever seus desfechos e compreender profundamente o que realmente acontece.

O que se passa é que, os viventes em determinado período são também imensamente influenciados pelos seu tempo, e que a cultura, como resultante do acúmulo dos hábitos, conhecimentos, princípios, valores, tudo o que constitui o universo simbólico humano, acaba por atravessar a todos.

Os factos históricos são resultantes que invariavelmente somente poderão ser conhecidos em sua profundidade e na complexidade de suas consequências, "a posteriori". Isso quer dizer, a partir da observação dos factos e de quem vivenciou e relatou aquele determinado período. Juntam-se aos elementos materiais a boa-fé de quem pratica um esforço hermenêutico de desvencilhar a verdade do imaginário, do ideológico e do idealismo.

Por isso podemos dizer que este livro busca, em sua simplicidade, objetivismo, de forma direta, curta e honesta, expor esta história diacrónica sobre o surgimento da psicologia enquanto campo de saberes, de uma ética, e depois, de institucionalização enquanto conhecimento científico. A psicologia não era necessária, ela foi útil; não era natural, ela foi criada; seu "objeto" de estudos não era real, mas trata-se de uma invenção.

Dito isto, propomos um resgate da verdadeira essência humana, para que assim, a psicologia possa ser vocacionada como verdadeira "ciência da alma", restabelecendo a dignidade na experiência e existência humanas a partir de uma ontologia verdadeira, retornando a uma sabedoria metafísica perdida e adquirindo sua importância de forma virtuosa em compromisso com a verdade.

***

OS FUNDAMENTOS HISTÓRICOS DAS IDEIAS SOBRE A PSYCHÉ

Desde a antiguidade há questionamentos sobre o que seria a essência do Homem e quais as razões para que seja distinto dos demais animais na natureza. O importante neste aspecto já está levantado há mais de 2000 anos quando Aristóteles sistematiza e estuda as diferentes concepções sobre o que seria aquilo que dá a distinção entre os seres vivos e as coisas não vivas, distinguindo que os primeiros são animados e os outros inanimados[1].

Existiria, portanto, nos seres animados aquilo que seria a própria fonte de seu estado de movimento, o que é chamado de "alma" como aquilo que anima. Nos gregos, principalmente a partir da sistematização que Aristóteles realiza, podemos ver que mesmo naqueles tempos já existiam concepções sobre o que seria a essência humana e do que nos faz vivos.

Na cultura grega, a alma (psyché em grego) no homem se distinguia dos demais animais por ser inteligente, por conseguinte, era fonte de liberdade, pois era a partir dela, daquilo que nos anima enquanto seres viventes, que seria possível realizar as escolhas e buscar o conhecimento próprio sobre o que se é e o que é o mundo e suas coisas. Esse seria o primeiro princípio que a tudo daria guarida, a busca de uma vida, o incessante ciclo de conhecimento sobre a verdade de si e do universo. A busca da Verdade.

Nessa linhagem de pensamento, podemos afirmar que Sócrates é decisivo na influência de um princípio primordial, seguidor fiel do lema "Conhece-te a ti mesmo, e conhecerás a realidade dos deuses e do universo", o qual seria um aforismo grego inscrito na entrada do templo de Delfos em honra ao deus Apolo.

É diretamente apontado qual o caminho que leva ao conhecimento, mas na perspectiva socrática, o ato de conhecer tem de ser um caminho trilhado com a devida ética para que se possa produzir um saber. É do saber que nasce o sábio, e não há na visão de Sócrates um saber em uma resposta, mas sim nas perguntas que guardam a possibilidade constante de produzir cada vez mais saber.

Portanto, o sábio é aquele que sempre se leva a produzir mais ignorância, já que se torna um constante questionador, assim sustentando um não-saber através de suas indagações. Estaria atrelada a tal movimento a criação de uma perspectiva de pensamento que afirmaria que é a partir da ignorância que se constitui a fonte do conhecimento.

O saber se gera através da sustentação dos questionamentos, sendo isto um processo que nos leva a gerar mais indagações, sendo as respostas meros momentos cíclicos na geração de cada vez maior e ampla ignorância, a qual nessa forma de pensamento seria uma [2] *ignorância douta*. Por isso Sócrates afirma "Só sei que nada sei...", pois o saber está em constante movimento, onde aquele que cria o saber o faz através do sustento de seus questionamentos, sendo as respostas apenas fixidez e o fim do saber, devendo sempre ser dedicada a gerar mais questões.

Isso implica a busca de conhecimento de si como uma ética radical, sendo sempre o objetivo da existência humana a busca de tal ordem como princípio do conhecer, a qual passa sempre a se desdobrar no conhecimento do mundo e suas coisas, pois conhecendo a si se estabelece o próprio caminho para o conhecimento do próprio Universo.

A busca de conhecimento neste caminho seria então cada ser humano buscar o conhecimento do que o faz singular, sendo o desvendamento deste caminho o próprio processo da vida, este nos levando a viver melhor e constituindo valores que dignifiquem a existência.

Podemos falar de um filósofo da modernidade que busca desfazer isto de forma radical, o Wilhelm Friedrich Nietzsche, como um pensador que retoma tal radicalidade ética na composição de sua filosofia, mas de forma subversiva e revolucionária, para destruir as fundações deste pensamento da antiguidade grega, e principalmente por sua aversão ao cristianismo. Para Nietzsche não existem fatos, mas somente interpretações dos fatos. Se conhecermos a realidade por meio da interpretação dela, todo ato, intenção e conhecimento da realidade resultam de uma ação que poderemos afirmar radicalmente ética sobre a existência[3].

Em uma criação conceitual chamada de "O mito do eterno retorno", Nietzsche nos coloca que estamos fadados a repetir tudo o que vivenciamos através do corpo e suas escolhas a partir da realidade durante a existência cíclica pela eternidade, em que a morte é apenas um retorno ao ciclo da vida, se vivendo tudo o que aconteceu novamente repetidas vezes.

Se levarmos tal concepção de pensamento literalmente, pensaremos tratar-se de um encadeamento ilógico, uma repetição condenável que nos levará a repetir tudo o que é bom, mas também amargar tudo o que foi ruim, levando-nos a pensar o quão odioso seria viver o bem e o mal infinitamente em um ciclo tortuoso e interminável. A radicalidade, contundência e genialidade de Nietzsche são marcas de sua personalidade enquanto filósofo geralmente dadas a interpretações que não podem ser compreendidas superficialmente.

Trata-se dos fundamentos do pensamento da modernidade. O "ouroboros" moderno, a figura da cobra ou dragão que engole o próprio rabo em uma lógica circular, ou cíclica e infinita, para desfazer os fundamentos do pensamento greco-romano.

Junte-se a isto um gnosticismo panteísta, esotérico e ocultista, o qual busca, principalmente, opor-se à escolástica da Igreja Católica Apostólica Romana (para a qual a realidade é criada por um Deus único e pessoal, particular, portanto, monoteísta, e que necessariamente têm um início, um meio e um fim) representante da cristandade medieval, e tão criticada e negada na modernidade a partir da revolução do pensamento humano fundado pelo movimento iluminista.

O que é colocado em tal mitologia, a do "eterno retorno", é um preceito ético radical, entretanto negativo, insidioso, uma antítese à tese socrática, aristotélica e da escolástica católica, o qual leva o ser humano a pensar suas escolhas por parâmetros inatingíveis tanto em nível de responsabilização das intenções e atos, bem como sobre as consequências do que podemos refletir ou antever enquanto os geramos.

É-nos colocado então que devemos elevar os valores que nos servem de parâmetro quando intencionamos e nos conduzimos, devendo tais valores ser *transvalorados* para que possam proporcionar uma *transvalorização* da própria experiência humana. Ou seja, temos que elevar radicalmente em termos éticos os princípios de nossas intenções para que possam gerar condutas que ultrapassem toda e qualquer lógica moral, pois toda e qualquer moral é limitante e repressora, sendo o homem livre e não podendo apenas ser relacionado à lógica dualista entre o bem e o mal como parâmetros de virtude.

Ultrapassar os valores moralizados por tal dualização é o objetivo quando pensamos a experiência humana pela lógica do eterno retorno nietzschiano, por isso este denominava a religião cristã como a moral dos escravos.

Ora, isto nada mais é do que a resultante do Humanismo como movimento predominante na modernidade, em que se desloca Deus do centro do universo, enquanto o Homem toma o lugar no pedestal. Subtrai-se o livre-arbítrio concedido e transcendente, e o substitui por uma liberdade hedonista, dionisíaca.

O Homem eleva-se aos céus como o seu próprio deus e torna-se o centro e o parâmetro próprio na reorientação da organização da vida moderna, o que inevitavelmente resultará em uma lógica disciplinar crescente para o controle deste mesmo humano, o qual agora é autorreferente e desnorteado moralmente.

Podemos afirmar então, e é sabido por todos os conhecedores da obra de Nietzsche, que ele parte de uma ferrenha crítica a todo o movimento anterior ao seu tempo de culturalização ocidental com base no cristianismo. Afinal, qual a importância e relação do cristianismo com a ética, filosofia e psicologia historicamente?

O cristianismo é tão fundamental para a cultura ocidental quanto a filosofia grega é para o pensamento filosófico ocidental. Para a Psicologia tornam-se ainda mais intrínsecas essas relações devido à reversão do conceito de alma que a Igreja Católica Apostólica Romana utiliza em sua fundação institucional ainda no Império Romano.

A alma grega (psyché) era concebida como aquilo que nos anima, a essência que permite ao ser humano ter a real noção sobre sua experiência e que o leva a perceber o mundo e o universo. Ela era, portanto, fonte de liberdade e inteligência, totalmente integrada à experiência humana, nos permitindo conhecer a realidade e todos os seus fenômenos.

A valorização dessa experiência ocasionava por consequência uma ética como fonte de valores sobre a vida, da qual todos os valores positivos eram idealizados a partir da beleza e harmonia. Entretanto, esta alma era imersa no corpo em uma lógica imanente, como se fosse fonte da vida e da animação, mas ela mesma não tinha fundação transcendente.

Com a fundação da Igreja Católica Apostólica Romana a partir de São Pedro e do apostolado dos seguidores de Jesus Cristo, desde a morte do Messias na Cruz - por volta do ano 33 d.C. de nosso calendário ocidental gregoriano - podemos demarcar com o passar dos séculos, dois eventos importantes que irão impulsionar o avanço do cristianismo através do mundo conhecido desta época, o império romano: em primeiro, o concílio de Nicéia por volta de 325 d.C., onde é comunicado ao povo e todos os outros representantes de outras religiões, a doutrina católica, seus fundamentos e os dogmas que a estruturam. Também é divulgada a versão unificada de todos os escritos e relatos escrupulosamente revisados sobre Jesus Cristo, resultantes na Bíblia, que será posteriormente traduzida e divulgada por todo o império (versão vulgata em latim).

Em segundo, o édito de Tessalónica do imperador Teodósio em 380 d.C., a partir do qual foi institucionalizada a Igreja Católica Apostólica Romana como representante da religião oficial do império romano, e o Catolicismo é reconhecido como única religião do império, sendo a Igreja natural herdeira do apostolado de Jesus Cristo, instituída pelo próprio Messias ainda em vida através de seus apóstolos.

A partir da fundação da lógica doutrinária católica, a alma é divina e emanente de Deus em espírito, sendo o corpo o seu veículo e meio de dignificar ao criador, através do qual se pode manter uma vontade virtuosa e uma conduta piedosa. Os pecados do corpo maculam a alma, e para manter a pureza da alma, esta difundida como transcendente e espiritualizada, o propósito da vida humana seria buscar a Deus seguindo suas leis e guiando-se pelo exemplo do Cristo.

O Homem tem em sua conduta e seus atos aquilo que será refletido em sua alma, sendo retomada também toda a liberdade intrínseca a esta como o que nos anima e nos empodera na possibilidade de elevação da própria experiência e existência desde a tradição aristotélica. Isso é o que possibilita em termos fundamentais o avanço civilizacional da humanidade, a razão do cristianismo (católico) perdurar e difundir-se em todo o mundo.

O ser humano torna-se passível de ser virtuoso por sua vontade, podendo agir entre o bem e o mal, tendo como modelo de vida o próprio Cristo, filho de Deus. Vale salientar que o bem e o mal não se tratam de dualidade, pois Deus é a totalidade do bem dominante e somente n'Ele tudo existe.

O mal é fruto da própria escolha do Homem, o qual, a partir desta escolha fundamental, passa a ter a necessidade de buscar a Deus, pois distancia-se dele em pecado fundamental. O Homem passa a ser existencialmente decadente em uma lógica entre o bem divino e o mal diabólico, principalmente por haver caído em pecado e cedido à influência daquele que representa o mal, o anjo caído, o diabo.

Tendo sua vida pautada pela ética de que Deus é o bem supremo, toda a moralidade católica será desenvolvida na filosofia escolástica por seus doutores, sendo considerado normalmente o primeiro grande doutor da igreja, Santo Agostinho, apesar de formalmente reconhecido pela própria Igreja, o seja São Gregório Magno. Toda a teologia católica irá fundamentar os conhecimentos da humanidade no ocidente, o qual se unirá em um grande território unificado pelo cristianismo, denominado de cristandade, onde irá perdurar por mais de 1000 anos durante todo o período histórico nomeado de Idade Média.

* * *

A PSICOLOGIA E O CONTEXTO MODERNO

A modernidade inaugura uma transformação radical na forma como o homem se pensa e se experiencia. A revolução provocada no pensamento humano pelo movimento iluminista elege a razão como principal meio e fundamento para conhecer-se a realidade, ao mesmo tempo em que a experiência humana passa a ser autorreferenciada no próprio corpo e suas sensações através do viés empirista.

O sujeito moderno emerge como o centro de referência de toda verdade e conhecimento, enquanto o mundo exterior passa a ser concebido como objeto de representação. Essa reorganização ontológica e epistemológica — inaugurada por pensadores como Descartes, Locke e Rousseau — funda a possibilidade de um "eu" autônomo, racional e proprietário de si, sendo nesse contexto que se delineia o que se pode chamar de interiorização da experiência, processo fundamental para o posterior surgimento da psicologia.

Com Descartes, o sujeito torna-se a instância de certeza última. O *cogito ergo sum* — "penso, logo existo" — não é apenas uma proposição lógica, mas uma operação de cisão: o ser humano é separado do mundo, do corpo e da natureza. A verdade não está mais na cosmologia cristã, nem em Deus, mas no pensamento que se volta sobre si mesmo. Essa operação funda a interioridade moderna, o espaço em que o sujeito se reconhece como substância pensante e se distingue de tudo que é exterior a ele.

A partir dessa cisão, a subjetividade ganha contornos de autonomia e reflexividade. O homem moderno é aquele que possui em si a fonte da verdade e da moralidade. A experiência torna-se, assim, uma questão de interioridade — de consciência, de intenção e de vontade.

O mundo interior passa a ser o lugar privilegiado do conhecimento e da autenticidade, enquanto o mundo exterior é rebaixado à condição de objeto, da materialidade simples, rudimentar e inanimada. É nesse gesto que se forma o núcleo do que mais tarde a psicologia chamará de "vida psíquica".

A interiorização cartesiana da verdade coincide historicamente com o processo de consolidação do capitalismo e do Estado moderno. A noção de indivíduo, associada à propriedade privada e à responsabilidade moral, emerge como eixo de organização das novas sociedades burguesas. A interioridade, agora dotada de um valor positivo, é também transformada em propriedade: cada indivíduo é dono de sua consciência, de suas ideias, de seus desejos e de suas emoções.

John Locke dá forma filosófica a essa associação entre subjetividade e propriedade. Em sua teoria do conhecimento, o sujeito é o proprietário de suas percepções e representações; na teoria política, é o proprietário de seu corpo e de seu trabalho.

A subjetividade torna-se, assim, o paradigma da posse: possuir-se a si mesmo é condição para participar da vida social e econômica. Essa lógica inaugura o que se pode chamar de subjetividade privatizada, na qual o "eu" é concebido como espaço interior, autônomo e isolado, cuja verdade é acessível apenas ao próprio indivíduo.

Rousseau, por sua vez, introduz um novo elemento: a autenticidade. Se o sujeito cartesiano é racional, o sujeito rousseauniano é moral e sensível. A verdade do homem está em seu interior, na voz íntima da consciência e do sentimento. O espaço interior deixa de ser apenas o domínio da razão e torna-se o domínio da verdade ética e afetiva.

É esse deslocamento que abrirá caminho, no século XIX, para as formas psicológicas e terapêuticas de relação consigo mesmo. A modernidade rompe também com as antigas concepções da alma, substituindo-as por uma ontologia do sujeito. A alma, tal como concebida pela tradição cristã, era inseparável de uma dimensão transcendental: ela era o princípio espiritual que ligava o homem a Deus.

O sujeito moderno, ao contrário, é imanente — fechado em si mesmo, autorreferido, autônomo. A subjetividade passa a ser compreendida não mais como participação em uma ordem cósmica, mas como construção interior e individual. Essa passagem da alma ao "eu" constitui uma verdadeira invenção ontológica. O que antes era domínio da espiritualidade e da moral religiosa é traduzido em termos de experiência psicológica.

A consciência imanentista (referenciada pelo racionalismo) substitui a alma como sede da verdade; a introspecção substitui a confissão religiosa e o exame de consciência dos próprios atos e pecados, como técnica de autoconhecimento. Nasce, assim, uma nova forma de subjetividade: a subjetividade moderna, marcada pela reflexividade e pela separação entre sujeito e mundo.

A noção de "subjetividade privatizada" expressa essa mutação decisiva: a experiência subjetiva, que outrora se articulava em práticas coletivas, espirituais transcendentes ou políticas, torna-se propriedade individual. O sujeito moderno é, antes de tudo, um proprietário de si — um ser cuja interioridade é tratada como território exclusivo, onde se define sua verdade e seu valor.

Tal privatização da subjetividade está intimamente vinculada à consolidação das sociedades liberais e mercantilistas (posteriormente, capitalistas), que se sustentam sobre o princípio do indivíduo autônomo e autorreferido. A referência primordial é a mutação do espaço comunitário medieval para um espaço social, inserido nas grandes cidades, onde os âmbitos de circulação, vivências e convivência são distintos pela noção do público e do privado.

Contudo, essa experiência no decorrer do desenvolvimento moderno, desencadeada a partir da decadência moral e intelectual características deste período, entra em crise. A subjetividade privatizada, fundamento da psicologia moderna, começa a se desagregar sob as condições contemporâneas de globalização e novas formas de socialidade. O eu interiorizado é esvaziado em sua experiência, sendo habitado por um sujeito teórico distante da realidade empírica do indivíduo.

O sujeito moderno perde as referências externas, tornando-se autorreferenciado e desencantado do mundo, o que demonstra no liberalismo pragmático burguês um hedonismo e falta de referências morais claras, sendo o indivíduo atomizado em sua liberdade e dono de seu destino em todos os aspectos.

O mal-estar característico da modernidade é desta angústia de um indivíduo fragmentado, autocentrado, mas sem interioridade definida e sem referência moral clara. Ao mesmo tempo possui toda a liberdade desvencilhado da religião e a noção castradora do pecado, mas é oprimido por leis e obrigatoriedades de um Estado que detém a força. A constante ameaça existencial e a responsabilidade como um pesado fardo por sua sobrevivência, é consequência e resultante inevitável de todo este ordenamento.

Entretanto, essa nova subjetividade é atravessada por uma tensão que se manterá ao longo de toda a modernidade: a distinção entre indivíduo e sujeito. O indivíduo é a unidade empírica, o ser biológico e social que participa das relações concretas; o sujeito, por sua vez, é a instância normativa e reflexiva, responsável por unificar a experiência e garantir a identidade.

Essa dualidade é, ao mesmo tempo, o motor e a contradição da modernidade: o homem é chamado a ser autônomo e livre, mas também regulado e responsável. Essa tensão fundará o terreno sobre o qual a psicologia edificará seu próprio espaço. O indivíduo empírico — observável, mensurável, comportamental — será objeto das psicologias positivistas; o sujeito interior — consciente, intencional, desejante — será o foco das psicologias fenomenológicas e humanistas, e psicanálise.

Em ambos os casos, a psicologia operará sobre essa divisão, transformando-a em método e objeto de saber. A constituição moderna do sujeito, portanto, não é apenas um momento histórico: é a condição de possibilidade para a emergência do discurso psicológico. O que chamamos de "espaço psicológico" é o herdeiro direto dessa invenção moderna da interioridade, desse movimento que separa o homem do mundo e de Deus para fazê-lo dono de si. É nesse espaço — que é ao mesmo tempo criação e efeito de poder — que a psicologia encontrará seu campo de ação.

A interioridade como subjetividade privatizada não é uma característica natural da condição humana, mas uma construção histórica e uma invenção social. Ela surge no interior de um processo mais amplo de reorganização das formas de vida, de trabalho e de poder que marcam a modernidade ocidental.

Entre os séculos XVIII e XIX, o sujeito deixa de ser apenas um princípio epistemológico ou moral para tornar-se o centro das práticas políticas, econômicas e culturais. Nesse contexto, a interioridade adquire o estatuto de propriedade: o "eu" é concebido como algo que pertence exclusivamente ao indivíduo, e cuja autenticidade é garantida pela distância em relação ao coletivo.

O liberalismo político e econômico, consolidado a partir do século XVIII, institui uma nova gramática da subjetividade. A liberdade, antes compreendida como pertencimento a uma ordem moral ou religiosa, passa a significar autodeterminação individual. Ser livre é ser dono de si — e, portanto, responsável pelo próprio destino.

Essa ideia se enraíza tanto na filosofia política quanto na sensibilidade cotidiana, dando origem ao individualismo moderno. O indivíduo é agora o ponto de partida de toda a vida social. A interioridade, convertida em "propriedade privada da consciência", torna-se o espaço de onde emanam as decisões morais, políticas e econômicas.

O "eu" é simultaneamente o sujeito de direitos e o proprietário de si mesmo — e essa equivalência entre subjetividade e propriedade confere ao indivíduo uma legitimidade inédita. É justamente contra este "eu" e contra esta noção liberal do indivíduo de consciência de si e de seus atos, que Sigmund Freud lançará a psicanálise enquanto outro movimento de apropriação do espaço psicológico juntamente à psicologia.

A psicologia é a tese, a psicanálise a antítese, sendo o indivíduo e o sujeito moderno em sua constituição artificial e fragmentária a resultante deste embate. Portanto, a síntese seria a própria fragmentação das teorias e expressões sobre a psique, do espaço teórico e discursivo sobre o psicológico.

Entretanto, esse mesmo movimento do liberalismo produz um efeito ambíguo. Se, por um lado, o sujeito se emancipa das antigas autoridades externas — da Igreja, da tradição, da comunidade —, por outro, ele é capturado por novas formas de regulação: a moral burguesa, o trabalho assalariado, a disciplina das instituições modernas. A liberdade do sujeito moderno é, portanto, uma liberdade administrada; sua interioridade é construída sob as condições materiais e simbólicas do capitalismo emergente.

A formação do capitalismo industrial traz consigo uma transformação profunda da subjetividade. A ética do capitalismo é a ética protestante calvinista, da avareza e usurária, do puritanismo radical e do controle como forma fundamental de ordem e poder. O trabalhador, o consumidor e o cidadão liberal são figuras de uma mesma lógica: todos são chamados a gerir a si mesmos como se fossem proprietários de um capital interior — suas habilidades, emoções e desejos. O "eu" torna-se âmbito de gestão interior, que deve ser constantemente aperfeiçoado, rentabilizado e avaliado.

Essa racionalidade econômica penetra na vida psíquica e redefine o modo como o sujeito se relaciona consigo. A ideia de "autoconhecimento" passa a significar eficiência moral; a introspecção torna-se uma forma de cálculo para o controle de si; a autonomia converte-se em autogestão. O sujeito moderno é, nesse sentido, um empreendedor de si — expressão que, séculos mais tarde, será retomada pelas análises foucaultianas do neoliberalismo, por exemplo.

A subjetividade privatizada é, assim, inseparável do modo de produção capitalista. Ela constitui o terreno onde se organiza a ética do desempenho e da responsabilidade individual. O sofrimento, o fracasso e o desvio deixam de ser problemas sociais e passam a ser interpretados como disfunções internas, falhas do eu. É nesse ponto que a psicologia encontrará o seu objeto: a vida interior como âmbito de domínio para intervenção e correção.

A modernidade não inventa apenas a interioridade racional e moral, mas também o sentimento de intimidade. O século XIX testemunha a formação de uma cultura doméstica e sentimental, na qual o lar é valorizado como refúgio do eu e espaço da autenticidade. A literatura, a arte e a filosofia desse período expressam essa idealização da vida interior — de Goethe a Freud, de Flaubert a Kierkegaard.

A casa burguesa torna-se o cenário simbólico dessa nova subjetividade. O espaço doméstico representa a privatização do mundo: nele, o sujeito se recolhe, protege-se do olhar público e experimenta sua própria verdade. A interioridade é estetizada, romantizada e, ao mesmo tempo, moralizada, surgindo, assim, o ideal do "eu verdadeiro", que deve ser descoberto, cultivado e confessado.

Essa cultura da intimidade cria as condições para a emergência da psicologia como saber e prática. A ideia de que existe um mundo interior, dotado de leis próprias e acessível por meio da introspecção ou da fala, torna-se o pressuposto epistemológico das futuras ciências do psiquismo. A psicologia herdará, portanto, não apenas a ideia de interioridade, mas também o imperativo moral de a explorar.

A invenção da subjetividade privatizada não é apenas um processo cultural; é também uma tecnologia política. O poder moderno deixa de operar apenas sobre os corpos — como disciplina e coerção — para atuar sobre as almas, sobre as consciências.

O governo dos homens se torna, gradualmente, um governo de si. A subjetividade privatizada, portanto, não é apenas um espaço de liberdade, mas também de sujeição. O indivíduo acredita ser livre porque é senhor de si, mas essa soberania é, em grande parte, o resultado de uma internalização do poder. Ao transformar o eu em propriedade, a modernidade também o transforma em objeto de governo.

* * *

O SURGIMENTO DO "ESPAÇO PSICOLÓGICO"

A emergência da psicologia como campo de saber e prática institucional coincide com uma transformação fundamental na forma como o Ocidente passou a compreender o ser humano. Desde o advento da modernidade, o sujeito foi progressivamente concebido como uma interioridade autônoma, dotada de uma vida psíquica própria e separada do mundo exterior. Essa interioridade, convertida em objeto de reflexão, tornou-se o núcleo de uma experiência privatizada: um espaço íntimo, inacessível aos outros, mas capaz de definir a identidade e a verdade de cada indivíduo.

A psicologia é criada, precisamente, como a ciência encarregada de explorar e administrar esse espaço interior. Ela o legitima epistemologicamente, transformando o que antes era domínio da filosofia moral, da teologia ou da literatura em um território de observação científica.

O *espaço psicológico* não é, portanto, um dado natural; é uma criação histórica, uma invenção social. Constitui-se como um dispositivo discursivo e institucional que reorganiza a relação do sujeito consigo mesmo, convertendo a subjetividade em um campo de saber, intervenção e controle.

Ao final do século XIX, a psicologia surge sob o signo dessa privatização da experiência. Ela não descobre o "psíquico" — ela o inventa, ao organizar o conjunto de práticas e discursos que tornam o interior mensurável, observável e administrável. O "espaço psicológico" é, portanto, a apropriação e institucionalização científica da subjetividade privatizada e sua crise.

A psicologia como ciência, ao se apropriar dessa subjetividade privatizada e sua crise, não apenas a descreve: ela a reforça, institucionaliza e amplia. Seus discursos e práticas — da psicometria à psicologia clínica e à organizacional, bem como a psicanálise através de seu discurso ao avesso — operam como dispositivos de subjetivação que reproduzem o modelo de um sujeito interiorizado, autorregulado (ou desamparado) e responsável por sua própria saúde, desempenho e moralidade.

O *espaço psicológico* que emerge dessa operação é, ao mesmo tempo, um campo de conhecimento e uma tecnologia social. A introspecção experimental, as teorias estruturalistas e funcionalistas da consciência, as práticas clínicas psicológicas e a psicanálise, são modos diversos de colonizar esse território interior. Cada uma dessas correntes reivindica o acesso privilegiado à verdade do sujeito, mas todas partem do mesmo pressuposto: de que há uma interioridade autônoma, privada e essencial.

A psicologia se apropria, assim, de um espaço que é, ao mesmo tempo, produto e condição da modernidade. O que era uma construção ética, filosófica e política torna-se um campo de saber e uma tecnologia de subjetivação.

Portanto, a subjetividade privatizada, nascida do liberalismo e consolidada pelo capitalismo, oferece à psicologia seu objeto por excelência: o eu interiorizado. Mas essa apropriação não é neutra. Ela implica uma forma de poder e uma ética específica — uma maneira de dizer o que é o homem e de governar sua conduta.

A constituição da psicologia como disciplina científica, entre os séculos XIX e XX, não pode ser compreendida apenas como um avanço epistemológico ou técnico. Ela representa, sobretudo, um movimento de apropriação institucional da interioridade moderna — um gesto de captura e reorganização da subjetividade privatizada.

O que até então era domínio de vários campos de conhecimento e suas correntes de pensamento, da filosofia, da teologia e da literatura, ou outras formas de conhecimento como as artes, passa a ser objeto de uma ciência autônoma: a "ciência da mente".

Nesse sentido, o nascimento da psicologia é inseparável de um processo de tradução: a vida interior, antes concebida como espiritual, moral ou metafísica, é convertida em fenômeno psicológico, passível de ser observado, mensurado e corrigido, ou interpretado e explicado em seu individualismo. A passagem da alma para o psíquico constitui um dos momentos fundadores da modernidade científica.

A alma — conceito que articulava o homem ao divino — é progressivamente substituída por uma noção imanente de interioridade. A psicologia retira da alma sua transcendência e a transforma em "vida mental", "consciência", "comportamento" ou "função psíquica".

Essa conversão, portanto, não é imparcial. Ela implica uma redefinição profunda do que significa ser sujeito, inaugurando o que aqui chamaremos de espaço psicológico — uma criação discursiva e institucional que reconfigura as fronteiras entre o saber, a ética e o poder.

Wilhelm Wundt, considerado o fundador da psicologia experimental, inaugura uma epistemologia que busca conciliar introspecção e objetividade. O laboratório psicológico, criado em Leipzig em 1879, simboliza essa ambição: medir o imensurável, tornar visível o invisível. O "eu interior" é agora acessado por meio de experimentos, estatísticas e observações controladas.

Essa transposição metodológica revela a natureza do projeto psicológico: traduzir a experiência subjetiva em linguagem científica. Ao fazê-lo, a psicologia seculariza e normaliza a interioridade. O espaço sagrado da alma é convertido em um espaço técnico, administrável e útil.

A subjetividade privatizada converte-se, sob o olhar da psicologia, em objeto de intervenção racional. O chamado "espaço psicológico" não é simplesmente uma região do ser humano descoberta pela ciência, mas uma criação discursiva.

Ele resulta de uma série de práticas discursivas e institucionais que o produzem como realidade e o estabilizam como objeto de saber no interior dos indivíduos. Essa criação se dá, em grande parte, por meio da linguagem, que transforma sentimentos, desejos e intenções em categorias psicológicas.

Ao nomear, descrever e classificar as experiências humanas — memória, atenção, emoção, personalidade, consciência, comportamento —, a psicologia dá forma a uma nova ontologia do sujeito. Cada termo cria uma região do "eu" e define modos legítimos de experiência. O "psicológico", assim, não é um dado natural, mas uma invenção semântica e institucional.

A psicanalise também o faz, mas cria sua nova ontologia pelo avesso do discurso psicológico, paradoxalmente por um racionalismo idealista e imanentista (kantiano, epistemologicamente) e enigmático (ideologicamente, romântico, subjetivista, profundo).

Através da crise, do desencantamento, da angústia do sujeito moderno, a psicanálise instaura seu discurso centrado no desejo inconsciente, fundamentado subversivamente em uma lógica evolucionista e animalesca do humano, esse agora afrontado por forças instituais, caóticas, aparentemente desordenadoras, mas paradoxalmente, de ordenamento de sua sexualidade.

Ideologicamente reproduz o ideal romântico moderno, contradizendo a superficialidade da consciência psicológica com a profundidade inalcançável do inconsciente freudiano. Aliás, diz o próprio Freud que o homem moderno descobre que "(...) *ele não é dono nem em sua própria casa* (...)", aludindo que o inconsciente através de suas pulsões e do desejo que emerge ao consciente advindo das profundidades do psiquismo, são as forças regentes da vida humana.

Estas forças simbolizam aquilo de mais primordial e primário no desenvolvimento humano, segundo o discurso psicanalítico, que vê no erro da fala, o acerto do subversor da linguagem, o inconsciente. Portanto, o *espaço psicológico* (da "*lógica da psyché*") apropria-se da experiência humana em todos os seus versos possíveis, seja o positivo, normativo e regulador da vida, ou o da angústia, da destrutividade, da melancolia, desamparo e morte.

A apropriação da interioridade pela psicologia não se limita à descrição ou sua interpretação. Desde suas origens, a psicologia é também uma tecnologia do eu — um conjunto de práticas destinadas a transformar o sujeito, a modelar seu comportamento e a regular seus afetos. A psicologia clínica, a psicometria, a psicologia educacional e a psicologia do trabalho são exemplos distintos de uma mesma lógica: traduzir a subjetividade em termos de desempenho, ajustamento e eficácia.

O *espaço psicológico* é o terreno onde essas técnicas se aplicam e se legitimam deontologicamente, e por onde a psicanálise infiltra-se no meio social e percorre todos os caminhos por onde possa existir a "lógica do psíquico" como antítese do movimento psicológico dominante, inclusive o meio académico da psicologia enquanto ciência e profissão.

A clínica psicológica, por exemplo, transforma a interioridade em campo terapêutico. A fala, o sintoma, a lembrança ou o trauma são convertidos em dados analisáveis, submetidos a um regime de interpretação e cura. A psicologia organizacional, por outro lado, instrumentaliza a subjetividade para fins de produtividade. Em ambos os casos, o "eu" é tratado como algo que pode — e deve — ser otimizado.

A psicologia torna-se, assim, uma ciência normativa. Sua ética, embora frequentemente apresentada como neutra, está fundada sobre uma moral implícita: a de um sujeito autônomo, coerente e adaptado. O sofrimento, a desordem e o conflito interior são interpretados como falhas dessa norma. A subjetividade privatizada, que antes simbolizava a liberdade, é agora medida por padrões de normalidade.

O século XX testemunha a expansão institucional da psicologia em múltiplos domínios da vida social: escolas, empresas, tribunais, hospitais, forças armadas. Em cada um desses contextos, o discurso psicológico assume uma função de regulação e gestão da conduta.

Essa disseminação corresponde à consolidação do "espaço psicológico" como um campo difuso, mas omnipresente. O sujeito é constantemente convidado a olhar para dentro, a confessar-se, a ajustar-se. O vocabulário psicológico — ansiedade, autoestima, trauma, identidade — penetra o senso comum e redefine a maneira como as pessoas compreendem a si mesmas.

O que se instaura, portanto, é uma cultura psicológica, na qual o "eu" se torna objeto permanente de exame e intervenção. A psicologia, nesse sentido, não apenas estuda o homem moderno: ela o produz. Ela cria as condições discursivas e simbólicas para que o indivíduo se reconheça como sujeito psicológico — alguém que possui uma interioridade, uma consciência, uma personalidade, uma identidade e um potencial de adaptação e recondicionamento travestidos de autotransformação.

A apropriação da subjetividade pela psicologia traz consigo implicações éticas profundas, pois ao transformar o interior humano em objeto de saber, a psicologia redefine o campo da responsabilidade. O sofrimento deixa de ser apenas um problema moral ou existencial e passa a ser uma questão técnica, passível de correção e de responsabilidade individual.

Contanto, essa tecnificação da interioridade implica uma perda simbólica: o sujeito deixa de ser portador de uma experiência singular e passa a ser compreendido em termos de padrões, escalas e diagnósticos. O "eu" é objetivado e, de certo modo, expropriado de sua própria subjetividade. A psicologia, ao buscar compreender o homem, acaba por normalizá-lo. Essa é a ambiguidade constitutiva do espaço psicológico: ele é simultaneamente um campo de emancipação e de sujeição.

A promessa de autoconhecimento e autonomia convive com a imposição de normas de conduta e de saúde mental. A subjetividade privatizada, agora convertida em território psicológico, é ao mesmo tempo libertada e governada. A crise desta mesma subjetividade privatizada é amparada, recondicionada, readaptada e realocada no social.

Ao tratar a interioridade como algo mensurável e administrável, a psicologia cria um novo regime de verdade: o regime psicológico da subjetividade. Esse regime não se limita a descrever o que é o "eu"; ele determina o que o eu deve ser. A ciência da mente torna-se, assim, também uma moral do "eu" — uma ética implícita que regula modos de conduta, de sofrimento e de existência. O sujeito moderno foi concebido como centro da razão e da autonomia.

A psicologia, em suas diversas vertentes, herdou essa imagem e a transformou em objeto científico. Contudo, o século XX — com suas guerras, totalitarismos, rupturas epistemológicas e transformações tecnológicas — revelou as fissuras desse ideal.

A partir de Nietzsche, Freud e Marx, o sujeito deixa de ser concebido como senhor de si. A consciência é descentrada, o eu é atravessado por forças inconscientes, pulsionais, sociais, materiais e históricas. São as ideologias decorrentes do descontentamento e desencanto do sujeito moderno.

Estas vertentes são negativas, antíteses aos movimentos aliados à tecnocracia do Estado moderno. Por isso, buscam sua crítica e a revolução de uma realidade que julgam reacionária, representante de um domínio, decadente ou repressora.

O sujeito cartesiano dissolve-se em uma pluralidade de determinações. Freud, ao introduzir o inconsciente, destrói o mito da transparência interior e da soberania racional cartesiana, mesmo que para isso racionalize idealisticamente e enigmaticamente (forte influência kantiana, mesmo que seja para desconstruí-la) e romantize (ideologicamente, subjetivismo, fatalismo) toda a interioridade psicológica.

Marx mostra que a individualidade é um produto das condições materiais, sociais e coletivas, mesmo que o socialismo para existir tenha que necessariamente advir do capitalismo. Seu legado será fundamental para a instauração do Estado soviético por via de uma das mais violentas revoluções da modernidade.

Nietzsche denuncia a interioridade como construção moral, em grande parte de uma cultura repressiva cristã, e das estratégias de poder a partir do uso da moralidade, mesmo que para matar o deus cristão e enaltecer o esoterismo e cosmologia oriental, ele precise racionalizar o amor em um *amor fati* para fundamentar sua lógica gnóstica do eterno retorno.

Esses deslocamentos teóricos abalam as bases da subjetividade privatizada, pois são produtos da sua própria crise, iniciando-se na primeira revolução industrial, mas sendo apenas na contemporaneidade — sob as condições do capitalismo global — que essa crise se torna estrutural.

O sujeito moderno, enquanto unidade reflexiva e estável, não é mais compatível com o ritmo das transformações culturais e econômicas, o fluxo das informações, o hiperindividualismo e total desamparo do indivíduo perdido nas democracias das massas.

A crise da subjetividade privatizada não implica necessariamente sua superação; muitas vezes, significa sua reconfiguração sob novas formas de poder. O neoliberalismo, enquanto racionalidade política, captura o ideal de autonomia e o transforma em imperativo de desempenho. O sujeito, outrora livre e introspetivo, é agora empreendedor de si mesmo.

A interioridade, antes símbolo de liberdade, converte-se em instrumento de produtividade. A autoexploração substitui a coerção externa: o indivíduo é convocado a gerir sua vida emocional, a investir em seu capital humano, a otimizar suas competências e afetos.

O sofrimento torna-se um defeito de gestão psíquica; a felicidade, um dever de eficiência. A psicologia, ao adotar discursos de motivação, coaching, mindfulness ou resiliência, participa desse novo regime de subjetivação.

O "espaço psicológico" é colonizado pelo mercado, e o saber psicológico se transforma em tecnologia de adaptação mais sofisticada. Em vez de questionar as condições sociais do mal-estar, a psicologia tende a responsabilizar o indivíduo, reconduzindo a crise ao interior do eu.

A crise da subjetividade privatizada é, portanto, também a crise da psicologia. A disciplina vê-se diante de um paradoxo: o objeto que lhe deu origem — a interioridade privada — desintegra-se sob as condições contemporâneas. Ao mesmo tempo, a psicologia continua a ser convocada para interpretar, administrar e reparar os efeitos dessa desintegração. Essa tensão obriga o campo psicológico a uma revisão de seus pressupostos.

É preciso reconhecer que o "espaço psicológico" não é uma essência, mas uma invenção histórica. O desafio da psicologia contemporânea é repensar-se como prática crítica, capaz de compreender a subjetividade em sua dimensão social, política e tecnológica e ética, sem reduzi-la a uma esfera individualizada.

Algumas correntes contemporâneas — como a psicologia social crítica, a psicologia histórico-cultural, a psicanálise lacaniana, a esquizoanálise e as abordagens decoloniais — são tentativas de deslocar o foco do indivíduo isolado para as condições de produção da subjetividade. Nelas, o espaço psicológico é reimaginado não como um interior privatizado, mas como campo de relações em que o sujeito é continuamente constituído e transformado.

É a tentativa dos projetos pós-modernos, pós-Estruturalistas e todos aqueles que buscam a partir de novas constituições interdisciplinares ultrapassar uma crise fundamental, germinada desde sua instituição séculos atrás.

É dar outra face à mesma crise fundamental que a humanidade experiencia há séculos, um ato de impostura intelectual em detrimento de uma ética virtuosa, para favorecimento de uma renovação ideológica já caducada desde seu surgimento com a revolução francesa. É a continuidade da luta entre jacobinos e girondinos, bolcheviques e mencheviques, republicanos e democratas, liberais e socialistas, capitalistas e comunistas, *ad aeternum.*

A crise da subjetividade privatizada revela o esgotamento do paradigma moderno da interioridade. Somos ainda modernistas com o nome de contemporâneos, porque para a história ainda não morremos. A contemporaneidade é a massificação da vida moderna exponenciada pelas tecnologias concebidas nas revoluções industriais.

O espaço psicológico, enquanto invenção histórica, é também componente destas equações e encontra seus limites diante das novas formas de vida e descobertas sobre a realidade. O desafio que se impõe à psicologia não é apenas teórico, mas ético: constituir-se como espaço de saberes próprios e vocacionados aos conhecimentos da alma humana e sua transformação.

* * *

AS MATRIZES DO PENSAMENTO PSICOLÓGICO

Para pensarmos então no que seriam as bases do pensamento sobre o psicológico, temos que pensar sobre quais são as transformações que acontecem no período histórico de transição entre a Idade Média e o Renascimento[4]. Vimos que há uma reversão conceitual do que seria a alma realizada pela Igreja Católica e todo o movimento denominado cristianismo. Tal conceito de alma divinizada chega até o período histórico do Renascimento, em que um grande expoente e transformador do conhecimento nesta época é o René Descartes.

Podemos afirmar que a grande mudança ocasionada pelo Descartes é a criação de uma dualidade que já era latente quando a alma se torna uma ligação divina e sobrenatural, sendo explicitada com a dicotomia Corpo / Alma realizada em toda a argumentação e criação cartesiana.

Descartes centra no corpo a importância de seus estudos para provavelmente não ser julgado por heresia pela inquisição da igreja católica, pois os conhecimentos sobre a alma ainda eram realizados em sua maioria dentro da escolástica enquanto meio de formação sacerdotal. Assim, Descartes desenvolve toda a sua teorização colocando a Razão como um atributo do espírito, o qual incorporado fundaria a dualidade corpo/alma.

A capacidade de percepção sobre si e o mundo, proporcionando a experiência racional humana, seria possível devido à possibilidade de exercer razão como atributo da alma humana. O corpo, portanto, seria da ordem material e mediador dos sentidos, sendo a alma a real fonte do conhecimento e o único meio para se desvendar a verdade sobre a realidade.

Como a razão é um atributo divino, ela pode nos levar a uma Verdade sobre tudo, sendo em Descartes a verdade possível de se tornar absoluta por meio do questionamento intensivo de uma verdade por dedução lógica. O meio estabelecido como possível de traduzir a realidade em verdades inteligíveis seria a matemática, a qual é concebida como uma lógica perfeita em suas deduções simbólicas.

Propicia-se então todo o avanço de outra ordem de experiência concebida ao Homem pelo pensamento cartesiano, o qual pensa assim readquirir uma liberdade outrora perdida em sua existência, característico das transformações culturais do Renascimento[5].

Com a reaquisição de tal liberdade, há mudanças culturais profundas com o advento de valores ligados ao Humanismo, Antropocentrismo e o Individualismo, característicos de tais mudanças. Vale salientar que essas mudanças são geradas principalmente pelo advento de uma nova classe popular denominada burguesia.

Por não possuir sangue real, portanto não sendo da nobreza, a emergente classe burguesa via em seus ofícios e no comércio, a possibilidade de exercer a liberdade enquanto poder centrado no corpo, do poder-fazer, pois toda titulação de nobreza era outorgado com aval da igreja católica que possuía a documentação da linhagem real monárquica e dava o lastro aos títulos de nobreza.

É esta classe popular que logo acumula riquezas, e passa a se distinguir do restante dos demais. Leia-se que todo o restante da população neste período era geralmente composta de camponeses e descendentes dos antigos servos das glebas, ou dos remanescentes integrantes das casas de ofício, os quais ou continuam a trabalhar a terra e os seus ofícios (carpinteiros, ferreiros, trolhas ou pedreiros, etc.), ou são migrantes e irão buscar uma forma de subsistência nas grandes cidades.

Logo a burguesia começa a influenciar culturalmente de forma massiva tal época com seus valores centrados na individualidade, a qual tem como principal ponto de referência o poder-fazer do corpo (liberdade material) e do acúmulo material decorrente do crescente mercantilismo.

A liberdade então é traduzida pela liberdade do uso do corpo, uma moral com lógica pragmática em contraposição à mística moralizante espiritual transcendente católica, também se contrapondo ao ideal de castidade e retidão em casamento e diante dos pecados, o *carpe diem* romântico e hedonista renascentista.

Essa ordem de valoração em uma constituição ética com princípios pragmáticos parece se realizar em uma inversão fundamental, onde a moral instaura valores sempre mais centrados no corpo e no indivíduo, afastando-se dos ideais metafísicos da alma como a fonte da experiência e existência humana.

Analisando tal movimento historicamente contextualizado, podemos inferir que tal ordenamento de valores e de uma ética centrada na experiência puramente corporal, da conduta que sempre pode ser normatizada, teve fortes influências na fundação de um modo antagônico de estabelecer a experiência humana.

Funda-se um dualismo fundamental entre indivíduo e sujeito, entre o racionalismo de René Descartes, e o empirismo de Francis Bacon. A iniciativa de totalizar a experiência humana como circundada às sensações do corpo, ou sendo apenas uma abstração racional da realidade como representação, estabelece fortes divergências que vão também modelar o desenvolvimento do pensamento humano na modernidade.

A verdade como captação sensitiva do corpo leva à criação de todo um ordenamento do conhecimento sobre a realidade, as verdades produzidas a partir da própria experiência sensorial centrada no corpo como fonte do conhecer. É instituído então o movimento de necessidade de se explorar mais o corpo para saber como através da experiência a partir de suas sensações, podemos estabelecer verdades que seriam unânimes e passíveis de experimentação por todos que tenham a reprodução de certo tipo de experiência empírica.

Avança-se então até um momento em que são constituídas várias formas e fundamentos para o pensamento a partir do antagonismo central entre racionalismo e empirismo, os quais como matrizes de pensamento, vão influenciar também a Psicologia e todas as outras ciências em suas epistemologias[6].

Todo este ordenamento de pensamento passa a constituir as vias próprias de conhecimento da realidade, desde a experiência humana até a natureza em lógica universalista. Com o racionalismo matematizado em uma lógica dedutiva, e a concepção empírica indutiva sensitiva centrada na conduta do corpo, tais vias se estabelecem como fundamentais para o conhecimento sobre a realidade.

Tal ordenamento do pensamento vai transformando a realidade para a modernidade juntamente às mudanças culturais estabelecidas que mudam a organização da vida humana, sua centralização de poder e a forma de subsistência e relacionamento entre os indivíduos - mudanças culturais que levam à concepções diferentes do que se passa a se reordenar como social, político e econômico posteriormente.

No período da modernidade em que Augusto Comte cria a noção de positivismo como equivalente ao conhecimento científico, podemos afirmar que a ciência é produto histórico desta evolução cultural, centrada no controle racional e no çorpo como centro da experiência humana.

Isto dar-se-á a partir do dualismo fundamental entre indivíduo e sujeito, e de todas as derivações possíveis destas transformações. Portanto, a própria ciência já nasce ela própria como uma tecnologia resultante deste movimento, produto de um contexto que reduz a experiência humana e sua metafísica à sua materialidade, e desloca a ontologia de sua existência a um sujeito interiorizado e isolado.

A trajetória aqui delineada permite compreender a psicologia não somente como uma ciência entre outras, mas como um dispositivo histórico de apropriação desta subjetividade moderna a partir da concepção de matrizes de pensamentos que fundamentam o seu saber. A este é atribuído autoridade por ser científico, e dele é retirado uma utilidade por convir aos fins normativos e disciplinares da modernidade.

Desde seu nascimento enquanto conhecimento científico, ela se constituiu como o saber que organizou o "interior" do corpo — o espaço simbólico e conceitual onde o indivíduo se reconhece como sujeito de si. Essa interioridade, porém, nunca foi natural; foi uma construção histórica, uma criação, uma invenção, moldada por condições políticas, econômicas e morais específicas.

Ao criar o "espaço psicológico", a psicologia produziu uma forma de poder através de seu saber. Esse poder não se exerce por coerção, mas pela normatização dos modos de ser. Ele age sobre a conduta e os afetos, transforma o autoconhecimento em autogoverno e traduz as contradições sociais em problemas de ordem individual.

A subjetividade privatizada — núcleo da psicologia moderna — tornou-se, assim, o alicerce de uma ética da responsabilidade pessoal, da transparência interior e da conformidade aos ideais de equilíbrio e normalidade.

O espaço do psicológico sustenta este status principalmente pelas matrizes diversas de pensamento sobre o psíquico, ora convergentes, ora divergentes, sendo representante do dualismo fundamental da lógica do sujeito moderno e sua individualização. Centram-se no indivíduo objetivado, ou no sujeito interiorizado e isolado em seu subjetivismo.

Tais matrizes[7] são representadas pelos movimentos a saber:

1. Matriz Racionalista

Conceção de Homem: O indivíduo é visto como um ser racional, com uma mente e consciência que operam de forma lógica e organizada. O homem é um sujeito cognoscente que processa informações e toma decisões com base na razão. **Principais Correntes:** O Cognitivismo é a expressão moderna desta matriz, com foco no estudo dos processos mentais como a percepção, a memória e a resolução de problemas. A Gestalt também se enquadra nesta matriz, ao enfatizar como a mente organiza a experiência em totalidades significativas. **Foco Principal:** A estrutura da mente e os processos cognitivos subjacentes ao comportamento humano.

2. Matriz Romântica

Conceção de Homem: O ser humano é visto como um ser de paixões, emoções e desejos. A ênfase está na experiência subjetiva, na singularidade de cada indivíduo e na busca por um sentido mais profundo da vida.

Principais Correntes: O Humanismo e o Existencialismo são as principais expressões desta matriz. O Humanismo, com Maslow e Rogers, foca-se na autorrealização e no potencial humano, enquanto o Existencialismo lida com a liberdade, a responsabilidade e a angústia inerente à existência. **Foco Principal:** A experiência subjetiva, o livre-arbítrio e o crescimento pessoal.

3. Matriz Materialista

Conceção de Homem: O indivíduo é compreendido através do seu corpo e do seu comportamento observável. A mente não é o objeto de estudo, mas sim o comportamento como resposta a estímulos externos.

Principais Correntes: O Behaviorismo é a teoria central desta matriz, com Watson e Skinner. O foco é o estudo das relações entre estímulo e resposta, e como o comportamento é moldado pelo ambiente através de condicionamento e reforço.

Foco Principal: O comportamento observável, as suas causas e consequências no ambiente.

4. Matriz Psicanalítica

Conceção de Homem: O ser humano é visto como um ser regido por forças inconscientes. O comportamento é impulsionado por desejos e conflitos recalcados que se manifestam de forma disfarçada.

Principais Correntes: A Psicanálise de Freud é a principal teoria desta matriz. Explora o papel do inconsciente, da sexualidade infantil, dos mecanismos de defesa e da transferência para compreender a psique humana. **Foco Principal:** O inconsciente, os conflitos internos e o desenvolvimento psicossexual.

5. Matriz Fenomenológica e Existencialista

Conceção de Homem: Esta matriz, por vezes associada à matriz romântica, tem uma abordagem mais filosófica. O ser humano é o ser no mundo, cuja existência é definida pelas suas escolhas e pela sua experiência imediata.

Principais Correntes: A Fenomenologia e o Existencialismo. A primeira foca-se na descrição da experiência consciente tal como ela se apresenta, enquanto o existencialismo explora temas como a liberdade, a responsabilidade e o sentido da vida. **Foco Principal:** A experiência vivida, a subjetividade e a busca de sentido na existência.

No entanto, a modernidade que sustentou essa forma de subjetividade encontra-se em ruínas desde os fins do século XX. A expansão do capitalismo neoliberal, a digitalização da vida e a interconexão global dissolveram as fronteiras entre o público e o privado, entre o eu e o outro.

A subjetividade contemporânea é múltipla, relacional e performativa; ela não se reduz mais à interioridade, mas circula em fluxos de informação, desejo e poder. O sujeito psicológico, outrora centro do mundo, fragmenta-se em identidades transitórias e visibilidades controladas.

Essa transformação não significa o fim da psicologia, mas a intensificação da crise de seu paradigma fundante. O "espaço psicológico" — enquanto lugar simbólico da interioridade — perde estabilidade diante das novas formas de vida.

A psicologia é, então, convocada a reinventar-se: tenta deslocar seu olhar do indivíduo isolado para as condições coletivas de produção da subjetividade; busca compreender o sofrimento não como falha pessoal, mas como expressão de conflitos históricos e sociais; passa a repensar sua ética, substituindo o ideal de autogoverno pela ideia de cuidado compartilhado.

Este são os ideais pós-modernos, pós-Estruturalistas, entre outros como a complexidade, criados na segunda metade até fins do século passado. Buscam dirimir as fissuras do modelo moderno, mas os danos são irreversíveis e requerem medidas de um outro nível de pensamento.

A ética que emerge neste século XXI é inevitavelmente a de uma compreensão profundamente transcendente como forma de ultrapassar os séculos de decadência moral e intelectual próprias da modernidade. Se a subjetividade é produzida nas relações de poder, toda prática psicológica é também uma intervenção no campo social. Cuidar de alguém é, inevitavelmente, intervir nas formas como esse alguém é produzido, reconhecido e autorizado a existir.

A psicologia, portanto, não pode se eximir de pensar as condições históricas que moldam o sofrimento que ela busca aliviar. Entretanto, não há como reconciliar a crise fundante da própria psicologia, muito menos por caminhos que ainda são atravessados de perspectivas ideológicas constituídas nos séculos de modernidade.

A crise da subjetividade privatizada, longe de significar o fim do campo psicológico, pode ser seu renascimento. Ao reconhecer o caráter histórico e construído de seu objeto, a psicologia pode recuperar sua potência transformadora. Em vez de um saber que adapta, torna-se um saber que transforma; em vez de uma técnica de ajuste, uma prática de exercício do livre arbítrio.

Assim, o espaço psicológico — compreendido agora como criação e não como dado — pode ser reinventado como espaço ético de encontro entre singularidades, de escuta, observação e de criação de sentido entre almas inteligentes e cocriativas com plena capacidade para atualizar o real.

Um espaço onde a subjetividade não é mais propriedade privada nem âmbito de um sujeito isolado, mas experiência entre singularidades

integralizadas[8]; onde o cuidado não é controle e nem é regulação, mas responsabilidade implicada entre singularidades e ordenamento próprio da vida, em coerência e consonância com a realidade enquanto totalidade; onde a realidade não é mera representação do sujeito confinado ao corpo, mas coexistente entre singularidades particulares e totalidades em si mesmas, enquanto integram e conformam a própria realidade enquanto uma totalidade mais abrangente.

Nesse horizonte, a psicologia reencontra sua dimensão mais profunda e mais integral: compreender o humano não como entidade isolada, mas integralizada à realidade e enquanto humanidade consciente em sinergia na mesma consciencialidade, aquela que permeia toda a realidade e sustenta a tudo enquanto criação.

Reconhecer a apropriação da subjetividade privatizada e sua crise, é o primeiro passo para libertá-la — e, talvez, para pensar uma psicologia que não apenas descreva o sujeito, mas que contribua para resgatá-lo em sua tradição como alma transformadora e passível de transformação.

***

[1] Indicação de leitura: "Sobre a Alma" (original "De Anima") de Aristóteles.

[2] A primeira menção a uma douta-ignorância é a que o Oráculo de Delfos afirmou ser Sócrates o homem mais sábio de sua época, pois, ao inquirir os políticos, os poetas e os artífices, todos afirmavam obter a plena sabedoria; e que somente ele, Sócrates, era o verdadeiro sábio, porque tinha a plena noção de sua "douta-ignorância" ("Só sei que nada sei"), o reconhecimento da própria ignorância como meio de conhecer, nunca se obtendo o estado de total e completo conhecimento. O saber em Sócrates se traduz, então, por movimento em maior plenitude. A segunda é a do filósofo renascentista Nicolau de Cusa, para ele, a ignorância de uma mente infinita frente a uma finitude não é a indiferença. O reconhecimento da ignorância é uma ignorância instruída, douta. Contudo, a natureza intelectiva se sente atraída por conhecer o incompreensível. É o retorno, nos atrai uma pergunta natural, que nos impulsiona a seguir buscando. Tem uma aspiração até a sabedoria, até Deus, ainda reconhecendo que o sábio é agora quem descobre que não pode alcançar a Deus, a plenitude do conhecer. Deus é esquivo, inalcançável. A douta ignorância não é transcendente, a sabedoria não vem de fora infundida, mas é dentro de si mesma. Isto cria o choque a partir da modernidade. O conhecimento surge de si mesmo. A mente se adequa e cresce,

mesmo sabendo que nunca alcançará o Absoluto, mas vai avançando.

[3] Indicação de leitura: "Para além do bem e do mal" de Nietzsche.

[4] Indicação de leitura: "Psicologia: uma (nova) introdução" de Luís Cláudio Figueiredo e Pedro Paulo Ribeiro de Santti.

[5] Aqui é aconselhado buscar-se leituras próprias da época sobre os valores criados a partir das transformações culturais realizadas no Renascimento em contraposição à tradição medieval e à da antiguidade e aos fundamentos da doutrina católica. Há uma intensa recusa aos preceitos cristãos quando a igreja católica perde seu domínio por enfraquecimento de seu poder devido a uma série de acontecimentos históricos, desde as cruzadas até a grande praga no declínio da Idade Média (baixa idade média).

[6] Indicação de leitura: "Matrizes do pensamento psicológico" de Luís Cláudio Figueiredo.

[7] Referências das descrições e conceitos fundamentados a partir da obra "Matrizes do pensamento psicológico" de Luís Cláudio Figueiredo.

[8] Indicação de leitura dos livros "A psicologia como ciência da singularidade" e "A psicologia em uma nova era", deste mesmo autor.

* * *

"A Tribuna dos Uffizi", de **Johann Zoffany** Pintada entre **1772 e 1777**.

"A Liberdade Guiando o Povo" (1830), de **Eugène Delacroix**.

"Ataque Holandês ao Forte de Quelung", estilo de **Johannes Vingboons** ou similar (de aproximadamente **1642**).

* * *

SOBRE O AUTOR

Marcelo Costa

Descobriu por vocação a arte que é ensinar ao próximo ao trabalhar como professor universitário em curso de psicologia. Formado psicólogo e mestre em psicologia, também é formador certificado pelo IEFP em Portugal, tendo ampla experiência na área clínica da psicologia, sendo especialista em saúde mental, bem como sólida experiência como professor universitário e em pós-graduações. Teve também diversas e variadas experiências, como ter trabalhado na área tecnológica como treinador avançado de Inteligência Artificial, bem como já ter sido gestor comercial na indústria do café. Mesmo com as idas e vindas próprias da vida, percebeu que seu real interesse era continuar a ensinar na área da psicologia, agora dedicando-se ao NECS como seu principal projeto educacional para levar uma visão diferenciada e esclarecedora a todos os interessados e profissionais da área da psicologia e campos relacionados.

LIVROS DESSA SÉRIE

UMA OUTRA HISTÓRIA PARA A PSICOLOGIA: MAL-ESTAR NA MODERNIDADE E A INVENÇÃO DO PSICOLÓGICO

Uma Outra História Para A Psicologia

A Psyché E O Mal-Estar Na Modernidade

A Psicologia Como A Mais Útil Das Ciências

www.ingramcontent.com/pod-product-compliance
Lightning Source LLC
LaVergne TN
LVHW050945051026
849532LV00005B/1709